U0346765

农业转基因科普知识百问百答

——食品安全篇

农业部农业转基因生物安全管理办公室　编

中国农业出版社

本书编委会

主　编：何艺兵

副主编：寇建平　周云龙　宋会兵

编　委（按姓名笔画排序）：

王　东	王志兴	龙立坤	付仲文
邢少辰	朱永红	任欣欣	刘　娜
刘相国	刘培磊	刘鹏程	孙卓婧
李　宁	李飞武	李文龙	杨晓光
吴丽婷	何晓丹	沈　平	宋贵文
宋新元	张　明	张秀杰	张宪法
陈茹梅	林克剑	林祥明	金芜军
徐琳杰	涂　玮	葛　强	焦　悦
谢家建	翟　勇	熊　鹂	

序 言

    现代生物技术是 20 世纪末期科技史上最令人瞩目的高新技术之一，为人类解决资源枯竭、环境污染、能源匮乏、食物短缺、疾病流行等一系列问题带来了希望。现代生物技术同信息技术一样，正逐渐融入到我们的环境、生产和生活中，已经成为关系到国家命运的关键技术和作为创新产业的经济新增长点。

    转基因技术作为现代生物技术的核心技术，自诞生以来就伴随着争论。世界各国人民关心生物技术产品，关注生物安全问题，担心转基因食品安全，发生过激烈的争论，极少数人甚至对生物技术产品持怀疑态度，中国也不例外。

    转基因技术到底是一种怎样的技术？转基因技术安全吗？转基因食品可以放心食用吗？

转基因产品是如何进行安全管理的? 这些是本书将要回答的问题。

编　者

2015 年 11 月于北京

目 录

第一章　食品安全基础知识

1. 什么是食品安全？

　　食品安全是指食品无毒、无害，符合应当有的营养要求，对人体健康不造成任何急性、亚急性或者慢性危害。

2. 什么是安全食品？

狭义的安全食品

广义的安全食品

安全食品

安全食品的概念可以有广义和狭义之分，广义的安全食品是指长期正常食用不会对身体产生阶段性或持续性危害的食品，而狭义的安全食品则是指按照一定的规程生产，符合营养、卫生等各方面标准的食品。

3. 有绝对安全的食品吗？

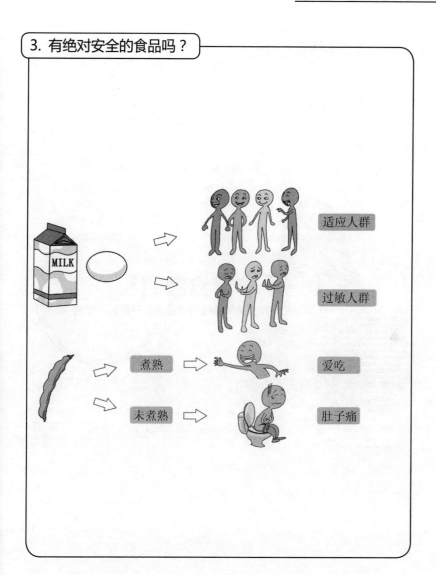

MILK

适应人群

过敏人群

煮熟 → 爱吃

未煮熟 → 肚子痛

　　任何安全都是相对的，食品安全也不例外。不同的人、不同的烹饪方法和食用方法，都会对安全性产生影响。

4. 存在零风险的食品吗？

非常抱歉！！！

您查找的零风险的食品是不存在的，谢谢

　　食品安全是一个相对和动态的概念，没有一种食品是百分之百安全的，零风险的食品是不存在的。

5. 世界卫生组织对不安全食品的定义是什么？

世界卫生组织
（WHO）对不安全食品
有明确的定义，即食品
中有毒有害的物质对人
体健康产生不良影响的
公共卫生问题。

　　世界卫生组织对不安全食品有明确的定义，即食品中有毒有害物质对人体健康产生不良影响的公共卫生问题。

6. 安全食品对人体健康的重要性是什么？

食用安全食品是保证人体健康的基础。

7. 传统食品的安全性是什么？

　　安全是一个相对的概念，即便是经常食用的传统食品，也不能说在任何情况下，对任何人都是绝对安全的。

8. 传统食品是否经过安全评价？

长期的食用历史为安全提供了保障！

　　我们日常食用的食物中，大部分是天然食物及其简单加工品，如谷物、蔬菜、水果、禽畜产品及其初加工产品，这些食品都具有长期的安全食用历史，没有必要也没有经过食用安全评价。

9. 什么是新型食品？

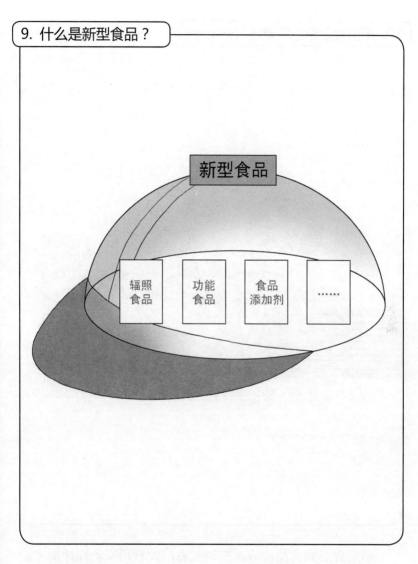

新型食品

辐照食品　功能食品　食品添加剂　……

　　随着科技的发展，出现了许多类似辐照食品、功能食品，以及各种食品添加剂，统称为新型食品。

10. 新型食品是否需要进行安全评价？

　　新型食品和食品成分都要通过专门的食用安全性评价才能供消费者食用。

11. 国际上评价食品安全有标准吗?

　　国际食品安全标准主要是由国际食品法典委员会（CAC）制定。这是联合国粮农组织（FAO）和世界卫生组织（WHO）共同成立的，协调各成员食品安全标准的最权威的政府间国际机构。

12. 国际上食品安全评价的原则是什么？

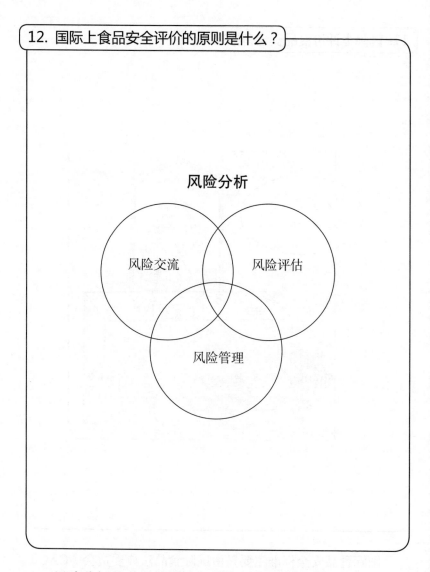

风险分析

风险交流　风险评估

风险管理

　　风险分析是世界各国进行食品安全管理的基本原则，包括风险评估、风险管理和风险交流3个部分。

13. 什么是食品添加剂？

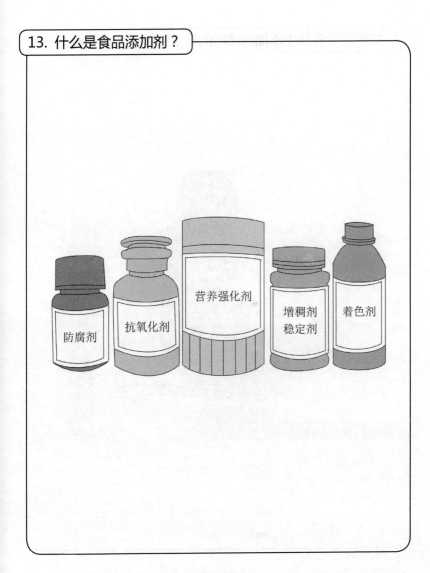

　　根据我国《食品安全法》的规定，食品添加剂是为改善食品色、香、味等品质，以及为防腐和加工工艺的需要而加入食品中的人工合成或者天然物质。

14. 如何评价食品中添加剂使用的安全性？

只要能够正确、适时并且适量地使用合格的食品添加剂，在食用安全上是不存在问题的。

15. 天然的添加剂比化学合成的添加剂健康吗？

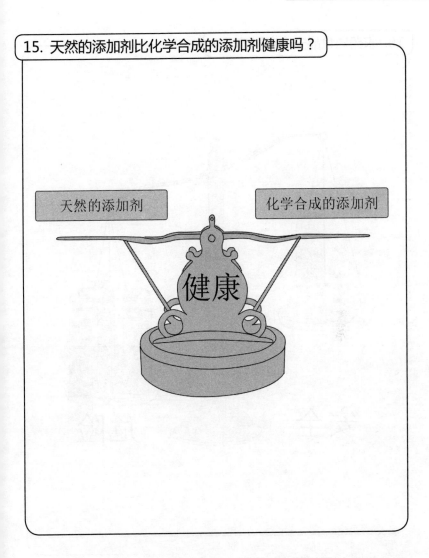

天然的添加剂　　　　　化学合成的添加剂

健康

　　就目前通过各种检测手段得出的检测结果表明，天然食品添加剂与合成添加剂同样安全。

16. 农药对食品安全有影响吗？

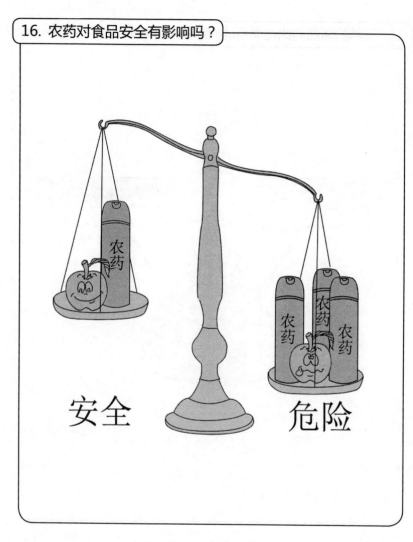

安全　　危险

科学使用农药对食品安全没有影响。

17. 联合国粮农组织列举的八大过敏食物是什么？

常见过敏食物

　　联合国粮农组织把牛奶、鸡蛋、鱼、甲壳类（虾、蟹、龙虾）、花生、大豆、核果类（杏、板栗、腰果等）及小麦八类食物列为常见过敏食物。

第二章 转基因食品与食品安全

1. 什么是基因，什么是转基因？

　　基因是生物体遗传信息的载体，它操纵和调控一切生命的遗传性状，生物的不同性状都是由基因决定的。转基因是指将人工分离或修饰过的基因导入到生物体基因组中，使该生物获得新的功能。

2. 只有转基因作物才进行了基因转移吗？

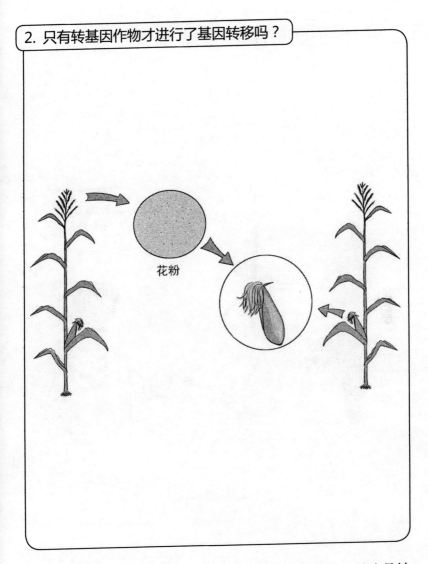

花粉

不是，基因转移现象在自然界中是广泛存在的，无论是转基因作物还是非转基因作物，新物种的产生都伴随着基因转移的现象。

3. 现在种植的作物都是天然产生的吗？

这些品种都是人工选育出来的！

　　现在种植的作物并不都是天然产生的，现在农业生产上应用的大多数品种都是通过人工驯化选择而来的。

4. 转基因技术与传统杂交育种技术有何异同？

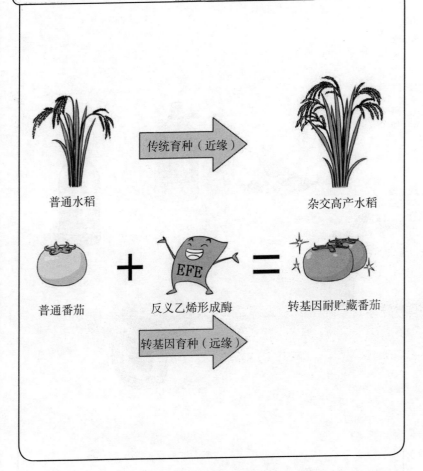

普通水稻　　　　传统育种（近缘）　　　　杂交高产水稻

普通番茄　　+　　反义乙烯形成酶 EFE　　=　　转基因耐贮藏番茄

转基因育种（远缘）

　　转基因育种技术实质上是杂交育种技术的延伸，不同的是，杂交育种一次转移的是成千上万个基因，并且这种基因转移的方式只能发生在同种或近缘种之间；转基因育种则实现了跨物种的基因转移，而且是只转移一个或数个特定基因，更为准确、高效。

5. 什么是转基因食品？

　　利用基因工程技术改变基因组构成的动物、植物和微生物生产的食品和食品添加剂，即凡食品加工原料含有转基因生物及其直接加工品的食品就是转基因食品。

6. 如何识别转基因食品？

　　为了保障消费者的知情权与选择权，市场上的转基因产品标识一般直接印制在产品标签上，以转基因大豆油为例，标注为"转基因大豆加工品"或"加工原料为转基因大豆"。

7. 转基因食品的范围是什么？

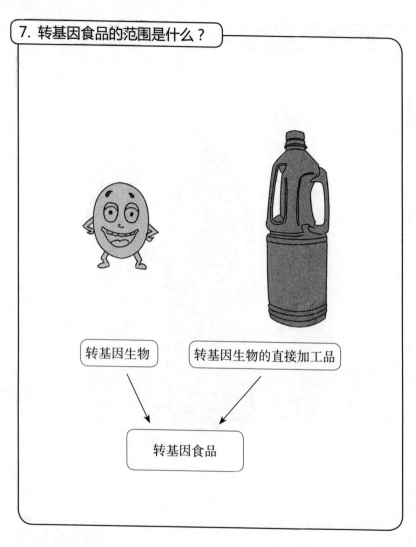

只有用转基因生物和它的直接加工品直接生产的产品才是转基因食品。

8. 我国市场上常见的转基因食品包括哪些？

　　我国市场上的转基因食品，主要为转基因大豆油、转基因菜籽油、含有转基因成分的调和油和番木瓜等。

9. 与传统食品相比已上市的转基因食品的安全性怎样？

经过评价，我跟你一样安全哦！

转基因番茄　　普通番茄

只要是上市的转基因食品就说明已经通过了转基因食品安全性评价，通过安全评价的转基因食品就是安全的，同传统食品一样，可以放心食用。

10. 什么样的转基因食品才是安全的？

有定论！凡获得安全证书的转基因食品都是安全的。

　　转基因食品的原材料是经过国家转基因生物安全委员会科学评价，发放了安全证书，并且一切生产、加工、运输及储藏条件均符合规定的转基因食品就是安全的。

11. 动物或人在食用转基因食品以后，自身基因会改变吗？

所有食品，不论是转基因还是非转基因的，都含有基因，基因通过食物进入人体后，会在消化系统的作用下，降解成小分子，而不会以基因的形态进入人体组织，更不会影响人类自身的基因组成。

12. 虫子吃了会死的 Bt 蛋白转基因作物，人能吃吗？

> 人类发现利用苏云金芽孢杆菌 (Bt 蛋白) 已有 100 多年，Bt 制剂作为生物杀虫剂的安全使用记录已有 70 多年，大规模种植和应用转 Bt 基因玉米、棉花等作物已超过 15 年，至今没有不安全的记录。

　　科学研究表明，例如 *Cry1Ab* 基因产生的蛋白只有在目标害虫的肠道内被激活后才具有毒性，但它对人和哺乳动物是十分安全的。

13. 转基因食品安全性需要用人做实验吗？

用动物做试验更
加规范可控!

在各国转基因食品安全评价中均没有开展人体安全性实验的要求。用动物进行实验并结合安全评估技术获得的资料，可以反映转基因食品对人体的健康影响。

14. 转基因饲料饲养的动物，可以安全食用吗？

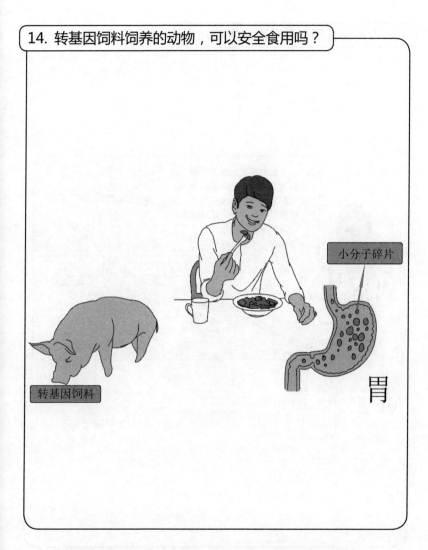

转基因饲料和非转基因饲料在动物体内消化是一样的，均可安全食用。

15. 食用转基因食品会影响生育吗？

目前研发的转基因食品，特别是已上市的转基因食品，外源基因与生育没有关系，流传的影响生育能力是偷梁换柱，制造恐慌。

转基因食品

健康

食用经过安全评价的转基因食品不会影响生育。

16. 长期吃转基因食品会不会有问题？

转基因食品

非转基因食品

健康

　　外源基因表达的蛋白质和传统的食用蛋白质没有本质的差别，都可以被人体消化分解，因此不会在人身体里累积，不会因为长期食用而出现问题。

17. 食用转基因食品会不会在后代人身上体现危害？

　　转基因食品在食用后同传统食品一样会被分解为小分子，所以转基因食品与传统食品是没有区别的，不会危害后代人的健康。

18. 现代社会不孕不育人数的上升与食用转基因食品有关吗？

现代社会不孕不育人数是不是上升有不同的看法，研究认为与环境污染、食品卫生以及社会压力不断增大的关系密切，而并非是食用转基因食品所引起的。

19. 癌症的发病率与食用转基因食品有关系吗？

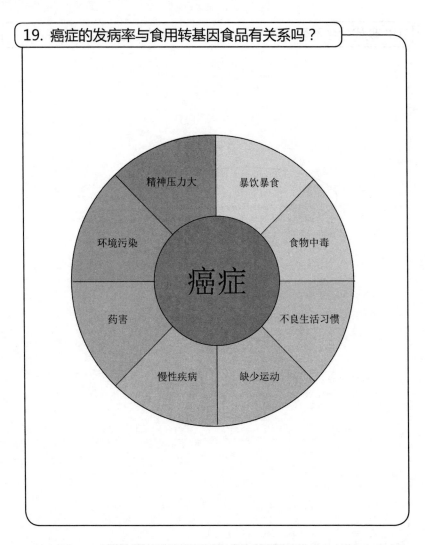

　　导致当今社会癌症发病率上升的主要原因是多方面的，精神压力大、暴饮暴食、环境污染、食物中毒、药害、不良生活习惯、缺少运动以及慢性疾病，与食用转基因食品没有直接关系。

20. 转基因食品安全事件与传统的食品安全是一回事吗？

转基因食品安全 传统的食品安全

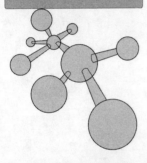

外源基因所表达的蛋白对食用
个体存在未知的过敏或应激反应

因食用有毒、有害食品对个体造
成急性、亚急性或者慢性危害

不完全相同，转基因食品安全主要是指插入的外源基因所表达的蛋白对食用个体存在未知的过敏或应激反应，而传统的食品安全是指因食用有毒、有害食品对个体造成急性、亚急性或者慢性危害的现象。

21. 转基因生物中饱受争议最多的是什么？

　　转基因生物中饱受争议最多的是转基因植物，具体来说是转基因作物。作为动物及人类的直接食物来源，转基因作物的研究与推广一直是整个社会激烈讨论的论题之一。

22. 转基因食品是否对人类健康造成过危害？

　　不论大家是否担心转基因的安全性，也不管如何质疑转基因食品的安全性，一个不争的事实是，迄今为止，转基因食品商业化以来，没有发生过一起经过证实的食用安全事件。

23. 国际上关于转基因食品的安全性是否有权威的结论？

　　国际上关于转基因食品的安全性是有权威结论的，即通过安全评价、获得安全证书的转基因生物及其产品是安全的。

24. 如何理性对待转基因食品安全问题？

有定论！凡获得安全证书的转基因食品都是安全的。

安全证书

　　转基因食品安全评价遵循的是个案分析原则，也就是说要逐个评价其安全性，不能笼统地谈转基因食品是否安全。只能说通过了安全评价并发放了安全证书的转基因食品是安全的。

第三章 转基因生物与转基因食品

1. 什么是转基因生物？

DNA

分离目的基因

基因

插入表达载体

植物表达载体

基因枪或农杆菌转化法

供体细胞

受体植物细胞

这就是转基因过程

细胞分化发育

品种选育

转基因品种

转基因植株

　　利用基因工程技术改变基因组构成，用于农业生产或农产品加工的动植物、微生物及其产品。转基因生物也称为基因工程生物、现代生物技术生物、遗传改良生物体、遗传工程生物体等。

2. 农业转基因生物的种类有哪些？

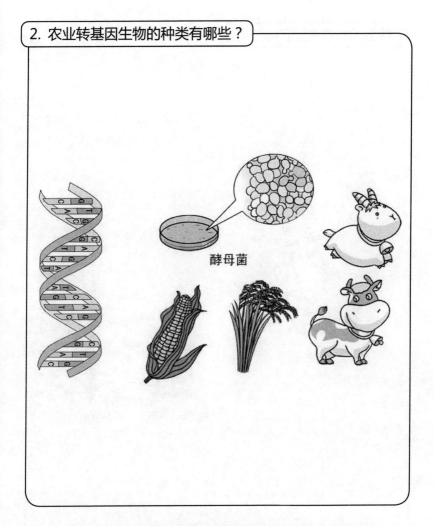

酵母菌

农业转基因生物包括转基因动植物（含种子、种畜禽、水产苗种）和微生物；转基因动植物、微生物产品；转基因农产品的直接加工品，含有转基因动植物、微生物或者其产品成分的种子、种畜禽、水产苗种、农药、兽药、肥料和添加剂等产品。

3. 转基因植物主要有哪些用途?

普通玉米　　　转基因玉米

目前开发的转基因植物最普遍的性状是抗虫和耐除草剂,另外还有一些其他新性状的转基因植物,如抗病、抗旱、抗寒、养分高效利用、品质改良、耐储存等。

4. 转基因动物主要有哪些用途？

目前开发的转基因动物主要包括长得快的转基因鱼、环保型转基因猪、更有营养的转基因牛奶以及可以生产药物的转基因羊等。

5. 转基因微生物主要有哪些用途？

　　目前开发的转基因微生物主要用于药物的生产、燃料的生产以及污染土壤的清除等。

6. 当今转基因植物有哪些，主要具有什么特性？

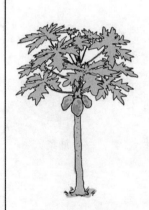

感染环斑病的番木瓜

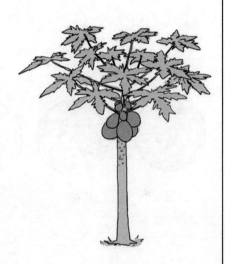

转基因番木瓜

当今利用了转基因技术的植物主要包括棉花、玉米、大豆、水稻、番茄、番木瓜及油菜等。主要性状包括抗虫、抗病、抗旱、耐除草剂、耐储存以及品质改良等。

7. 各作物中转基因类型所占的种植比例如何？

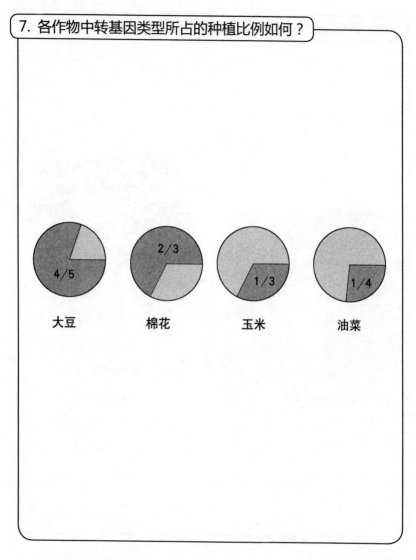

大豆　　　棉花　　　玉米　　　油菜

以大田作物为例，截至 2013 年，全球大豆种植面积的 4/5、棉花种植面积的 2/3、玉米种植面积的 1/3、油菜种植面积的 1/4 均为转基因品种。

8. 全球转基因大豆种植及应用情况如何？

　　转基因大豆是迄今种植面积最大的转基因作物。2014 年全球 11 个国家种植转基因大豆，总面积达 9 070 万公顷。

9. 全球转基因玉米种植及应用情况如何？

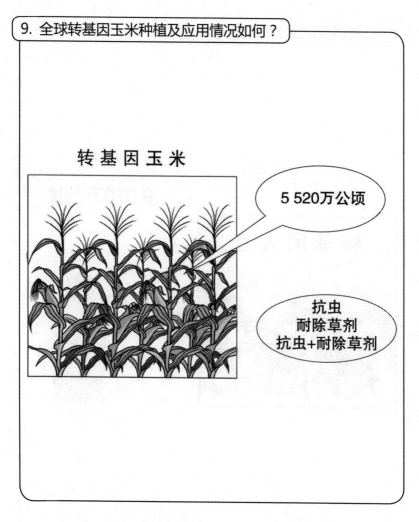

转 基 因 玉 米

5 520万公顷

抗虫
耐除草剂
抗虫+耐除草剂

转基因玉米全球种植总面积仅次于转基因大豆，截至2014年，全球转基因玉米种植面积为 5 520 万公顷，占全球玉米总种植面积的 30%。主要分为抗虫和耐除草剂两种类型。

10. 全球转基因棉花种植及应用情况如何？

转 基 因 棉 花

2 510万公顷

抗虫
耐除草剂

　　在全球转基因作物种植总面积中，转基因棉花排在第三位。2014年全球棉花种植面积2 510万公顷。美国和印度是全球最大的棉花出口国，中国为最大的进口国。主要分为抗虫和耐除草剂两种类型。

11. 全球转基因水稻商业化许可及应用情况如何？

从 1999 年开始，美国批准多种转基因水稻品种商业化种植。加拿大、墨西哥和澳大利亚于 2006—2008 年先后批准了耐除草剂转基因水稻的进口申请，允许其食用。截至 2015 年 10 月，尚未大规模商业化种植。

12. 全球转基因番茄种植及应用情况如何？

耐储存

耐储存转基因番茄是世界上最早批准进入商业化种植的转基因作物之一。但目前均未大规模商业化种植。

13. 全球转基因番木瓜种植及应用情况如何？

　　全球批准种植转基因番木瓜的国家有两个：美国和中国，都是抗环斑病毒番木瓜。美国批准的两例转基因番木瓜在夏威夷种植，中国批准一例在华南适宜地区种植，面积 10 万亩左右。

14. 目前全球大规模种植的转基因作物有哪些？

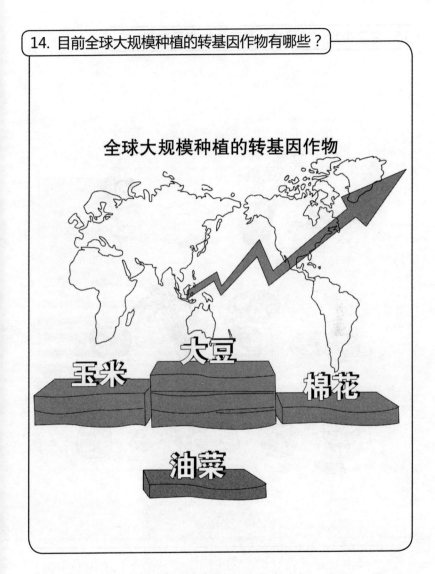

目前全球大规模种植的转基因作物是大豆、玉米、棉花和油菜。

15. 生活中我们常见的转基因生物产品有哪些？

常见的转基因生物产品主要有转基因大豆油、菜籽油、含有转基因成分的调和油、番木瓜以及转基因大肠杆菌生产的胰岛素等。

16. 转基因植物主要涉及的目标性状有哪些？

普通玉米　　　　　　　转基因玉米

　　主要目标性状包括抗虫、耐除草剂、抗病、抗逆、品质改良、养分高效利用、抗病毒及耐储存等。

17. 目前应用最广泛的转基因性状有哪些？

目前应用最广泛的转基因性状为抗虫和耐除草剂。

18. 转基因生物的目标性状能够得以稳定遗传吗？

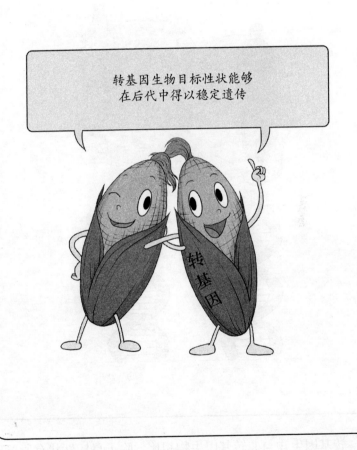

　　根据大量转基因植物后代遗传稳定性试验结果可以得到结论，转基因生物目标性状能够在后代个体中得以稳定的遗传。

19. 转基因生物与非转基因生物相比，除了目标性状以外，
    是否存在其他差异？

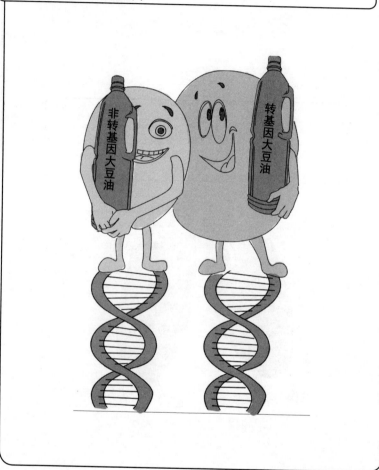

　　转基因生物与非转基因生物相比，除了目标性状有所差异外，其他结构和生物学性状都无明显差异，更有研究表明，外源基因的导入甚至可以改良转基因植株的农艺性状。

20. 转基因产品离我们的生活有多远？

　　转基因产品遍布我们的日常生活，包括由转基因棉花制造的衣服，转基因大豆、油菜榨成的油，转基因抗病毒番木瓜，转基因耐储存番茄，可谓转基因产品与我们的生活息息相关。

第四章　转基因食品安全的监管

1. 为什么要进行转基因生物安全管理？

中央1号文件

……在科学评估、依法管理基础上，推进转基因新品种产业化

　　　转基因生物安全管理不仅是转基因技术和产业健康发展的需要，更是风险交流与公众认知的要求。

2. 转基因生物安全管理对转基因食品安全有什么作用？

　　对转基因生物安全进行管理是保障转基因食品安全的重要前提与基础，只有在转基因生物安全性满足要求的情况下，才能保障其产品及加工品的食品安全性。

3. 国际上评价转基因食品安全性的通常做法是什么？

新表达物质毒理学评价

营养学评价

致敏性评价

依据国际标准，目前国际上对转基因生物的食用安全性评价主要从营养学评价、新表达物质毒理学评价、致敏性评价等方面进行评估。

4. 国际上是如何进行转基因食品安全性评价的？

通过严格评价的转基因食品可以放心食用。

大豆油

　　转基因食品入市前都是通过监管部门严格的安全性评价和审批程序。

5. 我国具体的转基因生物安全管理制度是怎样的

安全证书

试验

实验研究

加工

生产标识

合格

出售

经营许可证

　　农业转基因生物安全管理的基本制度包括安全评价、产品标识、生产许可、加工许可、经营许可、进口审批。

6. 我国发放了哪些转基因作物生产应用安全证书？

　　截至 2014 年年底，我国共批准发放 7 种转基因植物生产应用安全证书，包括 1997 年的耐贮存番茄、抗虫棉花、1999年的改变花色矮牵牛和抗病辣椒（甜椒、线辣椒），2006 年的抗病番木瓜，2009 年的抗虫水稻和植酸酶玉米。

7. 我国发放了哪些转基因作物进口用作加工原料的安全证书？

　　截至 2013 年年底，我国对转基因棉花、大豆、玉米、油菜、甜菜 5 种作物发放了进口安全证书。其用途仅限于用作加工原料，不得在国内种植。

8. 国际转基因生物标识管理是如何分类的？

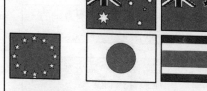

全面强制
性标识   部分强制性标识   自愿标识

　　国际上转基因生物的标识管理主要分为四类：一是自愿标识，如美国。二是定量全面强制标识，如欧盟。三是定量部分强制性标识，如日本。四是定性按目录强制标识，如中国。

9. 转基因食品标识制度是什么？

转基因食品的标识，目前最具代表性的有3种模式：美国的自愿标识制度、欧盟的以过程为基础的强制标识制度和中国的以产品为基础的强制标识制度。

10. 转基因食品的标识目的是什么？

大豆油

生产日期
有效期
本产品含有
转基因成分

　　为了保障消费者的知情权和选择权，加强对农业转基因生物的标识管理，规范农业转基因生物的销售行为，引导农业转基因生物的生产和消费，我国对销售的农业转基因生物实施标识制度，让消费者获得知情权，防止误导消费者。

11. 标识与食品的安全性有关系吗？

各国对转基因产品标识的做法要求不一，但都是为了满足消费者知情权和选择权的需要。标识与安全性没有关系。

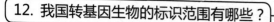

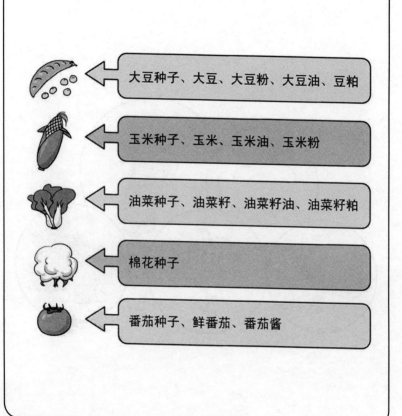

12. 我国转基因生物的标识范围有哪些？

在我国首批实施标识管理的转基因产品包括大豆、玉米、油菜、棉花、番茄5类作物的17种产品。分别是大豆种子、大豆、大豆粉、大豆油、豆粕；玉米种子、玉米、玉米油、玉米粉；油菜种子、油菜籽、油菜籽油、油菜籽粕；棉花种子；番茄种子、鲜番茄、番茄酱。

13. 我国进口的转基因农产品主要有哪些？

　　我国进口的转基因农产品主要有大豆、棉花、玉米、油菜和甜菜等。

14. 我国进口的转基因产品及其加工品是否能保障其安全性？

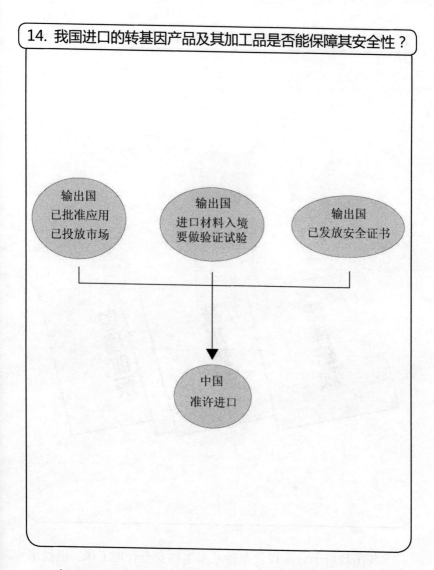

　　中国对进口农业转基因生物按不同的用途进行安全评价管理，所以进口的转基因产品及其加工品的安全性能够得到保障。

15. 我国转基因生物安全管理标准与国际接轨吗？

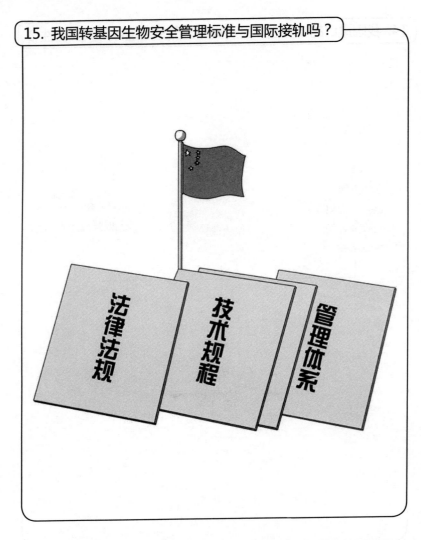

　　我国政府十分重视农业转基因生物安全管理工作，已经形成了一整套适合我国国情并与国际惯例相衔接的法律法规、技术规程和管理体系。

第五章　转基因食品的安全评价

1. 转基因食品安全评价的必要性是什么？

转基因作物　　　转基因水果　　　转基因食品

　　为了预防在基因操作过程中，把一些可能对人体健康或环境安全有害的基因转入受体生物，或者由于基因操作引起受体生物产生不可预期的变化，影响人体健康和环境安全，转基因食品的安全性必须进行严格评价。

2. 转基因食品安全评价的原则是什么？

安全性评价原则 →
- 科学原则
- 比较分析原则
- 个案分析原则
- 预防原则
- 熟悉原则
- 分阶段原则

转基因食品安全评价的原则有：科学原则、比较分析原则、预防原则、个案分析原则、分阶段原则和熟悉原则。

3. 怎样评价转基因食品的安全性？

　　转基因食品入市前都要通过监管部门严格的安全性评价和审批程序。

4. 我国转基因食品安全性评价的主要内容是什么？

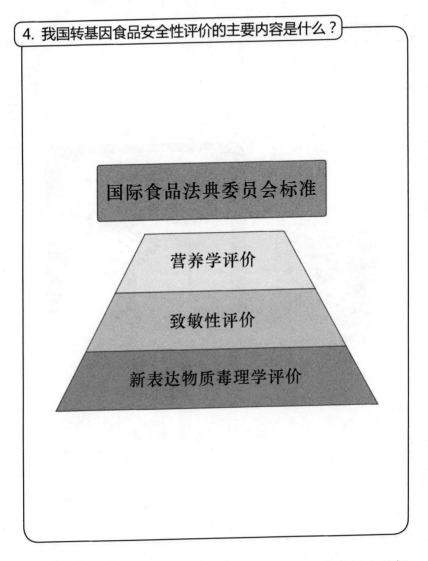

我国转基因食品安全评价遵循国际食品法典委员会的标准，从营养学、新表达物质毒理学、致敏性等方面进行评估。

5. 如何进行转基因食品毒理学评价？

含转基因成分的饲料

　　转基因食品毒理学评价主要是指从毒理学的角度，评价转基因食品中是否存在有毒、有害物质。

6. 如何进行转基因食品致敏性评价？

　　转基因食品致敏性评价主要是评价新蛋白质是否会引起过敏反应。

7. 如何进行转基因食品营养学评价？

蛋白质：XXXX
矿物质：XXXX
脂　肪：XXXX
维生素：XXXX

　　转基因食品营养学评价主要包括对主要营养成分、抗营养因子的评价。如果是以营养改良为目标的转基因食品，还需要对其营养素生物利用率进行评价。

8. 转基因食品关键成分分析的内容是什么？

转基因食品关键成分分析

1. 营养素
2. 天然毒素及有害物质
3. 抗营养因子
4. 水分
5. 灰分
   ......

　　转基因食品关键成分分析评价主要包括对营养素、天然毒素及有害物质、抗营养因子、水分、灰分等其他物质以及非预期成分的分析。

9. 如何进行全食品安全性评价？

食品安全性评价需提供大鼠 90 天喂养实验资料。必要时提供大鼠慢性毒性实验和生殖毒性实验及其他动物喂养实验资料

全食品安全性评价需提供大鼠 90 天喂养实验资料。必要时提供大鼠慢性毒性实验和生殖毒性试验及其他动物喂养实验资料。

10. 如何进行转基因食品安全评价的动物试验？

急性经口毒性试验
亚慢性毒理学试验
全食品喂养试验

　　目前，在食品毒理安全评价中所使用的动物实验都可用于转基因产品食用安全评价，一般选择大鼠、小鼠、小型猪等动物来进行试验。

第六章　国际对转基因食品安全的态度

1. 世界各国是否都在积极发展转基因技术？

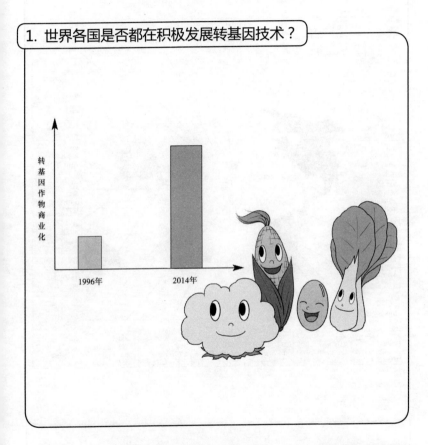

　　自 1996 年转基因作物实现商业化一来，全球转基因作物种植面积以年均两位数的百分率迅速增长。2014 年，全球已有 28 个国家种植转基因植物，种植面积达到 1.815 亿公顷，种植的种类包括大豆、玉米、棉花、油菜等 20 余种。

2. 国外转基因作物的主要覆盖情况如何？

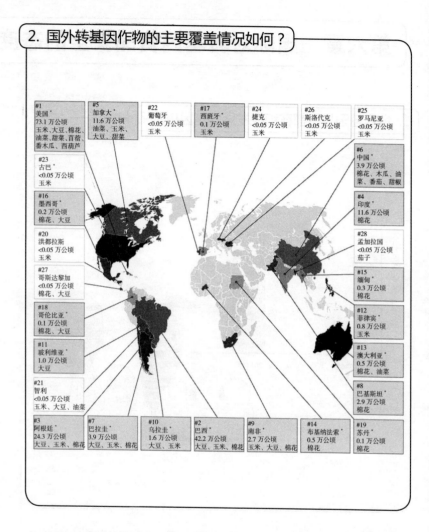

#1
美国*
73.1 万公顷
玉米、大豆、棉花、油菜、甜菜、苜蓿、番木瓜、西葫芦

#5
加拿大*
11.6 万公顷
油菜、玉米、大豆、甜菜

#22
葡萄牙
<0.05 万公顷
玉米

#17
西班牙*
0.1 万公顷
玉米

#24
捷克
<0.05 万公顷
玉米

#26
斯洛代克
<0.05 万公顷
玉米

#25
罗马尼亚
<0.05 万公顷
玉米

#23
古巴*
<0.05 万公顷
玉米

#6
中国*
3.9 万公顷
棉花、木瓜、油菜、番茄、甜椒

#16
墨西哥*
0.2 万公顷
棉花、大豆

#4
印度
11.6 万公顷
棉花

#20
洪都拉斯
<0.05 万公顷
玉米

#28
孟加拉国
<0.05 万公顷
茄子

#27
哥斯达黎加
<0.05 万公顷
棉花、大豆

#15
缅甸*
0.3 万公顷
棉花

#18
哥伦比亚*
0.1 万公顷
棉花、大豆

#12
菲律宾*
0.8 万公顷
玉米

#11
玻利维亚*
1.0 万公顷
大豆

#13
澳大利亚*
0.5 万公顷
棉花、油菜

#21
智利
<0.05 万公顷
玉米、大豆、油菜

#8
巴基斯坦*
2.9 万公顷
棉花

#3
阿根廷*
24.3 万公顷
大豆、玉米、棉花

#7
巴拉圭*
3.9 万公顷
大豆、玉米、棉花

#10
乌拉圭*
1.6 万公顷
大豆、玉米

#2
巴西*
42.2 万公顷
大豆、玉米、棉花

#9
南非*
2.7 万公顷
玉米、大豆、棉花

#14
布基纳法索*
0.5 万公顷
棉花

#19
苏丹*
0.1 万公顷
棉花

　　2014 年，全球 27 个国家的近 2 000 万农户种植转基因作物 1.81 亿公顷，比我国耕地总面积还大。超过 100 万公顷的国家有 19 个，分别是美国、巴西、阿根廷、印度、加拿大、中国、巴拉圭、南非、巴基斯坦、乌拉圭和玻利维亚等。

3. 转基因生物及其产品标识管理的最早提出者是谁？

欧盟是转基因生物及其产品标识管理的最早提出者

欧盟是转基因生物及其产品标识管理的最早提出者。

4. 有多少国家和地区对转基因生物及其产品进行标识管理？

　　全球已有包括欧盟、日本、美国和中国在内的 60 多个国家或地区对转基因产品进行标识管理。

5. 不同国家和地区对转基因生物标识的范围一样吗？

　　不同国家和地区对转基因作物标识的范围是不相同的，但都是为了满足消费者知情权和选择权的需要。标识与安全性没有关系。

6. 美国人吃转基因食品吗？

美国七成食品含有转基因成分

研发大国
生产大国
消费大国

　　美国是转基因技术研发大国，也是转基因食品生产和消费的大国。据不完全统计，美国国内生产和销售的转基因大豆、玉米、油菜、番茄和番木瓜等植物来源的转基因食品超过3 000个种类和品牌，加上凝乳酶等转基因微生物来源的食品，超过5 000种。

7. 美国如何对转基因生物进行管理？

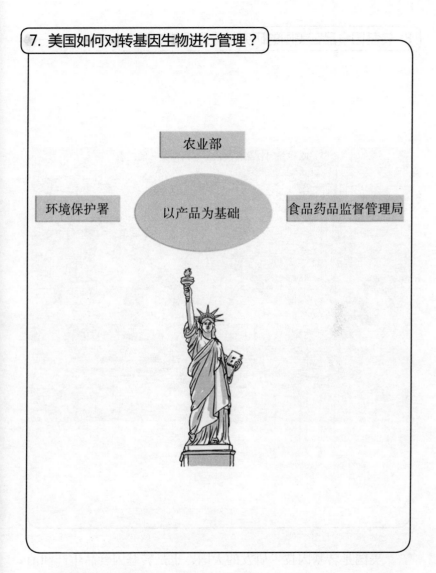

农业部

环境保护署　　以产品为基础　　食品药品监督管理局

美国根据转基因产品的特性和用途，分别由一个或多个部门负责转基因生物安全管理。

8. 转基因食品在美国的研究与应用现状如何？

美国是吃转基因食品种类最多、时间最长的国家

美国是转基因技术研发的大国，也是转基因食品生产和消费的大国。2014 年，美国种植的 90% 以上的玉米、94% 的大豆都是转基因的。可以说，美国是吃转基因食品种类最多、时间最长的国家。

9. 转基因食品在美国的市场占有率有多少？

转基因食品在美国的市场占有率

转基因食品超过5 000种

美国国内生产和销售的很多产品都含有转基因成分，许多品牌的色拉油、面包、巧克力、番茄酱、奶酪等都是转基因食品。

10. 欧盟对转基因生物如何管理？

专门的转基因生物安全管理法规

　　欧盟以过程为基础，出台了专门的转基因生物安全管理系列法规。欧洲食品安全局负责进行转基因生物安全评价，日常管理由欧洲食品安全局及其各成员国政府负责。

11. 日本如何看待转基因食品？

　　日本是全球转基因农产品进口大国，数年来一直从美国进口大量玉米和大豆，大部分都是转基因品种。

12. 全球范围的转基因研究浪潮说明了什么？

　　转基因技术已被公认为是解决传统育种技术难以解决问题的有效手段，是目前发达国家普遍应用的现代分子育种技术之一。可以说，转基因技术不仅可使生产者、消费者直接得益，同时对解决世界资源短缺和能源危机具有重要的潜力。

第七章 谣言的解析

1. 美国人不吃转基因食品，而是出口中国吗？

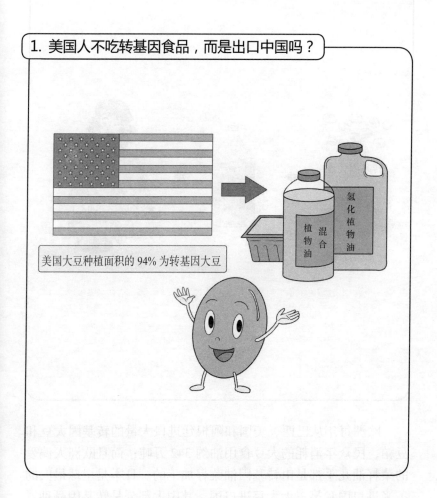

美国大豆种植面积的 94% 为转基因大豆

混合植物油

氢化植物油

　　美国大豆种植面积的 94% 为转基因大豆，人均大豆油消耗量高于中国。大豆油主要以混合植物油、氢化植物油的形式销售，加工食品中大豆蛋白的应用也十分广泛。

99

2. 在欧洲和日本绝对禁止人食用转基因食品吗？

转基因大豆

转基因油菜籽

食用油

    欧洲每年从巴西、美国和阿根廷进口大量的转基因大豆和豆粕，民众年消耗的大豆食用油约 342 万吨；而且欧洲人偏爱的菜籽油几乎都是由转基因油菜籽加工的。日本是全球最大的玉米进口国和第三大大豆进口国，其中大部分是转基因品种。很多国家都对转基因食品有标识规定，也反映出转基因食品在当地的存在。

3. 食用转基因大豆油会致癌吗？

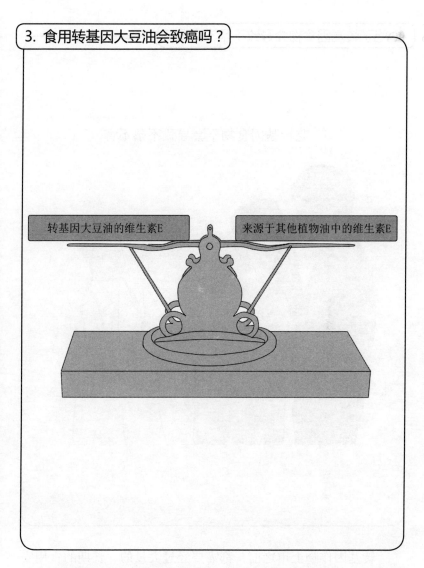

转基因大豆油的维生素E

来源于其他植物油中的维生素E

　　转基因大豆油消费和致癌之间，并不存在相关性，来源于转基因大豆油的维生素 E 和来源于其他植物油中的维生素 E 并无差别。

4. 吃了转基因食物会导致不孕不育吗？

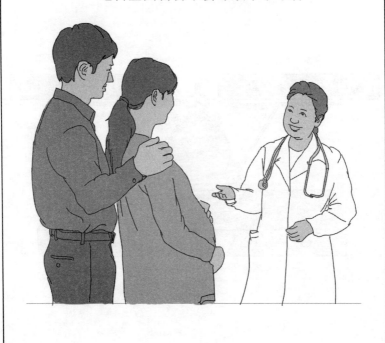

吃转基因食物不会导致不孕不育

　　转基因作物上市之前，都需要经过大量的、长期的食用安全性评价。自 1996 年转基因大豆商品化生产应用以来，上亿美国人直接或间接食用转基因大豆 16 年，至今未发生一例经过证实的转基因食品安全事件。

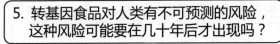

5. 转基因食品对人类有不可预测的风险，
   这种风险可能要在几十年后才出现吗？

我这么好，为什么大家还不喜欢我？！

转基因

　　目前研究过程中所涉及的外源基因均是经过权威检测机构检测并通过安全评价的，其所表达的蛋白及作用机制也都对人体无害，所以该类基因对于人类并不存在不可预测的风险，几十年后才可体现的说法更是没有科学依据。

6. 转基因技术违反自然规律所以不如有机农业，是真的吗？

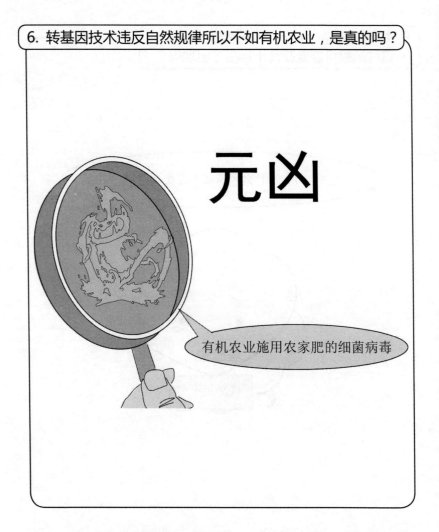

人类改造生物遗传背景已有一万多年的历史，所有农业品种都有人工干涉的痕迹，转基因并没有比其他农业技术更违反自然规律。有机农业也需要使用非化学合成农药，而有机农业施用农家肥的细菌病毒近年来已经造成了多起食品安全事故。

7. 转基因作物的种植无人监管吗？

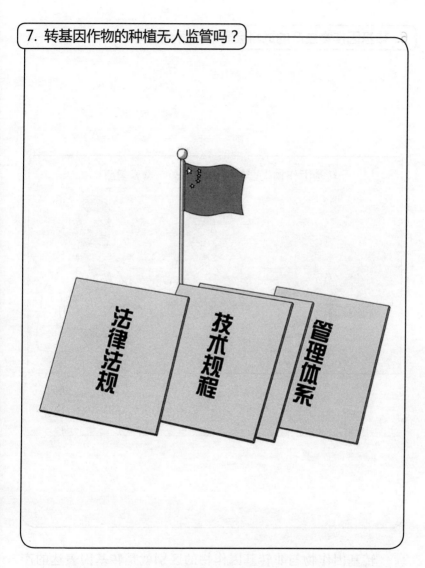

法律法规

技术规程

管理体系

目前国内转基因新品种的研究及培育均在国家相关部门的监管之下进行，在实验种植的过程中执行严格的隔离措施。

8. 转基因作物生产的饲料会影响禽畜健康吗？

转基因作物生产的饲料不会影响禽畜健康

转基因饲料

　　转基因作物与非转基因作物的区别就是转基因表达的产物，通常是蛋白质，它和食物中的蛋白质没有本质的差别，都可以被动物消化分解，因此不会在禽畜体内积累，不会因为转基因作物生产的饲料而影响其健康。

9. 非转基因大豆油更加有益于健康吗？

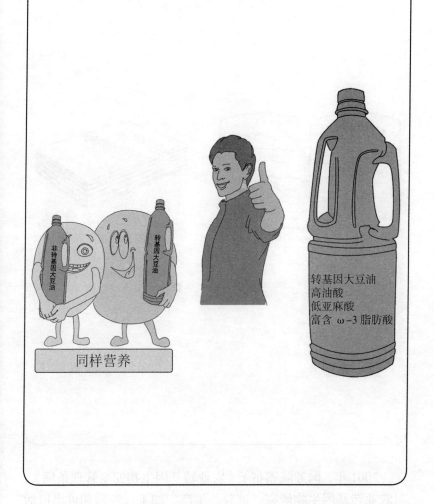

研究表明，转基因耐除草剂大豆与普通大豆在营养上没有区别。而以高油酸、低亚麻酸、富含 ω-3 脂肪酸为代表的品质改良性状的转基因大豆比非转基因大豆更富营养。

10. 转基因食品可以随意流入市场吗？

对农业转基因安全评价、进口安全、标识、加工审批、产品进出境检验检疫工作进行管理

2001 年，国务院颁布了《农业转基因生物安全管理条例》，对农业转基因生物研究、试验、生产、加工、经营和进出口活动进行全过程安全管理，经过多年的食用安全与环境安全检测并通过安全评价，进行标识之后方可进入市场。

11. 转基因食品有害所以不用人体直接做试验，是真的吗？

用动物做试验更
加规范可控！

　　各国转基因食品安全评价中均没有开展人体安全性实验。用动物进行实验并结合安全评估技术获得的资料，可以反映转基因食品对人体的健康影响。

12. "先玉335"会导致老鼠减少、母猪流产吗？

经专业实验室检测和农业行政部门现场核查，报道中提到的山西和吉林等地并没有种植转基因玉米，"先玉335"也不是转基因品种。而当地的"老鼠减少"与自然情况和人为防治有关系，至于"母猪流产"现象，完全属于虚假报道。

13. 日常所食用的小番茄是转基因食品吗？

　　小番茄又称圣女果，目前全国各地市场的所出售的圣女果大部分均由国外引种而来，是通过常规育种栽培方法育成，并不是转基因食品。

14. 墨西哥玉米基因污染事件，是怎么回事？

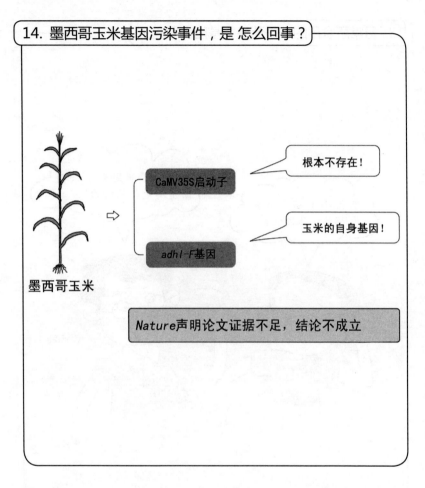

该论文一出便受到很多学者的批评，指出其试验方法上有许多错误，一是原作者测出的 CaMV35S 启动子，经复查证明是假阳性；二是原作者测出的 *adhl* 基因是玉米种本来就存在的 *adhl–F* 基因，与转入 Bt11 玉米中的外源基因 *adhl–S* 的序列完全不同。事后，*Nature* 编辑部发表声明，称这篇论文证据不充分，不足以证明其结论。

15. 美国转基因玉米"MON863"事件是怎么回事？

无显著性差异！

肝脏

肾脏

　　有报告显示，吃了转基因玉米"MON863"的老鼠，血液和肾脏中会出现异常。应欧盟要求，孟山都公司公布了完整的1 139页的实验报告，欧盟对其进行分析后，认为将该玉米投放市场不会对任何动物健康造成负面影响。

16. 广西大学生精子活力下降事件是真的吗？

经核实，广西从来没有种植和销售转基因玉米。该文章篡改广西医科大学第一附属医院关于《广西在校大学生性健康调查报告》的结论，与并不存在的食用转基因玉米挂钩，得出上述耸人听闻的"结论"。

图书在版编目（CIP）数据

农业转基因科普知识百问百答. 食品安全篇 / 农业部农业转基因生物安全管理办公室编.—北京：中国农业出版社，2015.12
ISBN 978-7-109-21318-0

Ⅰ．①农… Ⅱ．①农… Ⅲ．①作物 – 转基因技术 – 问题解答②转基因食品 – 食品安全 – 问题解答 Ⅳ．①S33-44②TS201.6-44

中国版本图书馆CIP数据核字（2015）第308234号

中国农业出版社出版
（北京市朝阳区麦子店街18号楼）
（邮政编码 100125）
责任编辑　吴丽婷　宋会兵
————————————
中国农业出版社印刷厂印刷　　新华书店北京发行所发行
2016年1月第1版　　2016年1月北京第1次印刷
————————————
开本：889mm×1194mm　1/32　印张：4
字数：100千字
定价：16.00元
（凡本版图书出现印刷、装订错误，请向出版社发行部调换）